中国航天基金会
CHINA SPACE FOUNDATION　**本项目由中国航天基金会支持**

中国航天奠基人
钱学森的人生传奇

我们必须征服宇宙

 第8册　大师之师

钱永刚/主编
顾吉环 邢海鹰/编著
上尚印象/绘

小泥巴童书

電子工業出版社·
Publishing House of Electronics Industry
北京·BEIJING

"你在一个**晴朗**的夏夜，
望着繁密的闪闪**群星**，
有一种可望而不可及的**失望**吧！
我们**真的**如此**可怜吗**？
不，绝不！
我们必须**征服宇宙**！"

你知道目前中国有几艘神舟飞船搭载过航天员进入太空吗?

真棒,你懂的真不少呢!

当然知道,截止到2023年2月,从神舟五号到神舟十五号,已经有10艘载人飞船、16名中国航天员造访了太空。

我想,钱爷爷的梦想终于实现了。

是啊!

飞天梦既是钱爷爷的梦想,也是全中国人民的梦想。

钱学森（1911—2009），著名科学家、空气动力学家、教育家，在民间享有中国"导弹之父""火箭之王"之美誉。代表作《工程控制论》《星际航行概论》《论系统工程》《科学的艺术与艺术的科学》等。

钱学森是航空航天领域内的杰出人物，也是留学归国人员中最具代表性的中国国防科技事业的建设者。

钱学森：火箭之王，教育巨匠

钱学森将大半辈子的精力都奉献给了中国的科学与教育事业。

著名的"钱学森之问"曾引起了我们的深刻反思和社会的广泛关注。

为什么我们的学校总是培养不出杰出人才？

1955年10月8日，钱学森回到祖国。

钱教授，此次回国你有什么感受？

看到祖国欣欣向荣的景象我非常高兴，在共产党的领导下，新中国变化很大，很了不起！

让我再问一个问题！请问，你回国后是怎么规划的呢？

我要把我的全部力量献给社会主义建设，为祖国培养迫切需要的科学研究人才。

钱学森回国后，特别重视人才的培养，既在科研工作中培养，也在高校中开设专业培训班进行培养。

1955年，钱学森回国后，立即与钱伟长等人筹建中国科学院力学研究所。

我们要多为国家培养人才啊，社会主义建设太需要了！

我完全赞同！

1956年1月该所正式成立，由钱学森、钱伟长担任正、副所长。

老兄，终于等到你回国了，我们又可以并肩作战了！

是啊！真是太好了！

1956年，著名力学家、应用数学家、空气动力学家郭永怀回国，担任力学所副所长。

钱学森在力学所开设了两门讲座，主讲"工程控制论"和"物理力学"。

钱学森要求所里每个办公室都挂一块黑板，便于经常讨论。规定每周三下午所里都要举行"科学讨论会"。

1957年2月，由钱学森、钱伟长、郭永怀等著名专家发起，创建了清华大学力学研究班。

| 钱学森 | 钱伟长 | 郭永怀 | 杜庆华 | 郑哲敏 | 李敏华 |

清华大学力学研究班学的都是最前沿的科学，配备了非常强大的师资力量。

我们真是太幸运了！

是啊，能学到这么前沿的知识。

这节课钱所长讲的又是最新的内容！

钱学森则以他渊博的知识和深入浅出的讲解方式深深地吸引了每一位学生。

今天的内容就讲到这里，有什么问题同学们可以提。

哈哈……要谦虚一点。

不知道是我太聪明，还是钱教授讲得太好，我完全没有听不懂的地方。

很好，看来同学们的理解能力很强，我得继续备新课了。

清华力学研究班共办了三届,首届招生127名,第二届64名,第三届134名,三届总计325名学员。

后来,这些学员大多从事以工程应用为背景的应用力学研究工作,为中国力学、航空、航天及国防工业的发展做出了重要贡献。

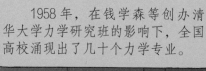
1958年，在钱学森等创办清华大学力学研究班的影响下，全国高校涌现出了几十个力学专业。

1958年，中国科学院在北京组织包括钱学森、郭永怀等在内的研究所所长和一些科学家开会。

我们要加快培养"上天、入地、下海、为工农业服务"的多方面科技人才。

中国不仅火箭航天方面的人才缺乏，方方面面的人才都缺乏，干脆办一所集综合性、前沿性、尖端性于一体的新型大学。

我们应该利用科学院的力量，创办一所培养尖端科技人才的新型大学！

是的！

是的，我们应该培养理工结合的人才。

在党和政府的大力支持下，中国科学技术大学建立了，钱学森创办近代力学系，并担任系主任，亲自授课。

同学们，我把科学院的"大炮"都给你们调来了，你们一定要认真学习啊！

中国科学技术大学大会上。

哇！好期待啊，都有哪些老师呢？

下面，有请我们中国科学院技术科学部主任、著名物理学家严济慈为大家讲话。

严济慈教授！

我们太荣幸了！

同学们别惊讶，接下来还有多位很厉害的老师……

　　除了严济慈，钱学森还请来了著名数学家吴文俊、留美博士蒋丽金、郭永怀以及钱临照、卞荫贵、林同骥等，他们都会亲自为学生们上课。

钱学森为了了解自己的教学效果，特意邀请两名老师在他讲课时进行旁听。

嘘……

怎么样，听得到我讲课吗？

非常清晰。

听得到。

声音大吗？我讲课的内容清楚吗？

思路清晰。

声音洪亮。

那就好，我就怕学生们听不清楚、听不懂。

集科学家和教育家于一身的钱学森，对学生的要求十分严格。一向亲和的他，曾有两次大发脾气。

第一宇宙速度是多少？

好像是……7.9米/秒。

什么？是7.9米/秒还是7.9千米/秒？你的基本概念都不对！自行车都比你快？！

学生被钱学森严肃的表情吓得不知所措。

这个问题现在如果不重视的话，以后不仅是流汗的问题，还要流血啊！

我知道错了……

严谨 严肃 严格

钱学森在黑板上写下"严谨、严肃、严格、严密"八个大字。

严谨 严肃
严格 严密

做学问必须一丝不苟！

下面，我们进行开卷考试，讲义、课本、笔记本、参考书什么都可以带进考场，但不允许交流。

钱学森要求严格，考试又很特别。

开卷考试？那岂不是很容易？！

严谨 严肃
严格 严密

考试开始！

考场上，学生们一边看试卷，一边翻看书籍，查找答案。

从地球上发射一枚火箭，绕过太阳再返回地球，请列方程求解。

这道题书上根本没有答案啊！

虽然是开卷考试，但过了很长时间，竟然没有一个人答完卷子。

同学们有的满头大汗，有的神情焦虑，有的胡乱翻书……

不要以为开卷考试很简单，我出的第二道题，书本上是找不到答案的。

这道题考查的是你们对知识的积累和综合理解、判断、解决问题的能力。

考试持续了整整一天……

同学们陆陆续续开始交卷，但显然没有一个同学对自己的答卷感到满意。

这次开卷考试比闭卷考试还难。

是啊！

我宁愿闭卷考试，也不想再开卷考试了……

是啊，闭卷考试至少考的是课本上的知识。

哎……累死了。

成绩一定很难看。

办公室里，钱学森连夜批改试卷，神情极为严肃。

半年下来，学生们光数学题就做了三千多道，虽然推迟了毕业时间，但是这半年来打下的基础，让他们终生受益。

戴汝为，中国科学院院士，控制论与人工智能专家，中国科学院自动化研究所研究员，学位委员会主任，曾担任中国自动化学会理事长。

1955年，戴汝为从北京大学毕业后，被调到中国科学院力学所钱学森身边做研究。

老师，这是这节课的课堂笔记，您看看有没有什么问题。

这里，还有这里，需要修改一下。

好的，如果没有别的问题，我修改以后就发给听课的同学们了。

好的，谢谢你。

后来，戴汝为被钱学森安排到中国科学院自动化所工作至今。

戴汝为一直致力于钱学森"复杂巨系统及其方法论"的科学研究，这是中国科学家的原创科学思想及方法论。

他先后获得了"中国科学院自然科学一等奖""国家科技进步一等奖"及"中国模式识别科技终身成就奖"等多项重量级奖项。

我一直称呼他（钱学森）为老师，但是他却把我看成工作搭档。

今天再回过头看，我在科研领域工作的成长过程，老师的直接指导和领路是我一生的幸运啊！

宋健，控制论、系统工程和航空航天技术专家、中国科学院院士、中国工程院院士、美国国家工程院外籍院士、中国人民政治协商会议第九届全国委员会副主席。

1953年到1960年，宋健在苏联留学，1960年获得科学博士学位。

宋健，你在看什么书呢？这么入迷。

是著名科学家钱学森写的《工程控制论》。

Engineering Cybernetics

快给我看看！

钱院长，这是宋健，以后就麻烦您带他了。

1960年回国的宋健被分配到国防部第五研究院二分院的研究室工作。

我能在钱院长的领导下工作，真是太荣幸了！

抓紧进入工作状态。

是，钱院长。

我一定好好努力！

你来负责防空导弹控制系统的设计工作吧。

好的！

宋健将钱院长的话铭记在心，并将钱院长交给他的任务放在第一位，认真对待。

宋健，还在加班？

是的，我正在总结红旗一号和红旗二号的进展情况。

进展怎么样了？

进展还不错，就是在控制系统上还需要做一些改动。

防空导弹的关键就是控制，要与目标相撞，我们应该切实掌握控制技术。

控制论和系统工程对现代化建设十分重要，不仅对导弹来说是核心技术，在工业、农业、军事、科技各领域都有广泛的应用。

控制论、信息论、运筹学、线性规划、统计学等都是系统工程的理论基础，系统工程的应用范围更广，在经济建设、生产计划、社会管理等大尺度问题上都大有用处。中国这方面的研究工作刚起步。

老师说得太对了。

还有个工作要布置给你。

是什么？

《工程控制论》是十年前我在美国被监禁时写的，50年代后苏联、美国、欧洲都有新的发展。各高校把它当成参考书，目前内容已经不够了，想请你对该书做一些补充修订，以适应中国科学技术发展的需要。

保证完成任务。

这项工作很有挑战性，需要多思考。

我和这本书太有缘了，在苏联留学时就读过这本书，现在竟然要为这本书做修订。

应该从哪里入手呢？

宋健等人在钱学森的指导下，终于将该书的补充与修订完成了。

修订的书稿完成了！

这段时间辛苦你了。

不辛苦，不辛苦，都是我应该做的。

谢谢老师给我这样的机会。

你做的这些工作对提高今天人们的认识能力将有很大帮助。

这本书我没做什么具体工作，要署你的名字，你完成了大部分工作，这是你的功劳。

那怎么行呢，这本书我们只是做了点修订增补工作。

科学工作必须实事求是，做了工作就要有所体现，特别是你，你是新版的创造者。

我是您的学生，在您的指导下，完成了对这本书的修订，在此过程中，受益匪浅。这名字只能由您来署啊！

必须署上你的名字！

最后，按照出版社的建议，书的署名为钱学森、宋健。

钱学森 宋健

钱爷爷真是一位高风亮节、不图名利的伟大科学家!

是呀,而且钱爷爷非常有眼光,敢于启用青年人才。你知道孙家栋爷爷吗?

知道,他是负责卫星技术的科学家!老师给我们讲过的!

太对了!下面我就给你讲讲钱爷爷和孙家栋爷爷的故事。

快说,快说!

孙家栋，共和国勋章获得者，两弹一星功勋奖章获得者。东方红一号卫星总体设计负责人，东方红二号卫星总设计师，风云二号卫星工程总设计师，北斗导航系统工程总设计师，月球探测一期工程总设计师，中国科学院院士。

1958 年 4 月，孙家栋从苏联留学回国，被分配到国防部第五研究院从事导弹设计工作。

因为钱学森常常来到导弹设计现场和大家讨论问题，因此孙家栋有机会见到钱学森。

钱院长，您好，我是孙家栋。

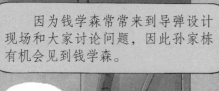

我听说过你，是个非常有能力的人才。

钱院长过奖了，我这里刚好有几个问题想向你请教。

钱学森细致认真地为孙家栋答疑解惑。

钱院长，这次准备发射试验的导弹上有三个陀螺怎么也装不上，都是我的错，在北京时只试装了一个……

负责研磨的工人师傅来了没有？如果来了，马上研磨再装。

钱院长，您回去休息吧，我保证明天早上前装上。

　　孙家栋带着工人来到测试厂房对陀螺研磨后不久，钱学森也赶到测试厂房，搬了一把椅子坐在那里，静静地看着孙家栋和工人研磨。从下午一点开始，直到凌晨四点，陀螺安装好，钱学森才离开，期间也不理孙家栋，不说一句话。

这个教训太深刻了，以后工作再不敢马虎了！

钱副部长推荐你负责中国第一颗人造卫星的总体设计工作。

1967年3月，钱学森亲自推荐孙家栋担任东方红一号卫星的总体设计负责人。

啊！我一定会好好干，不辜负国家和人民的信任。

1970年4月24日，东方红一号卫星在酒泉卫星发射中心成功发射。

太空中终于有了中国自己的卫星！钱院长，我没有辜负您的信任！

2007年11月5日，嫦娥一号顺利完成环绕月球。

2019年1月，嫦娥四号探测器成功实现人类首次月球背面软着陆，开启了全新的月球背面探索之旅，举国沸腾，世界瞩目。

钱学森是我的恩师！绝对是我的恩师啊！

孙家栋接受媒体采访时，特别感谢了钱学森。

汪成为，信息领域专家，中国工程院院士，国家信息化专家咨询委员会委员，总装备部科技委顾问。

1985 年，钱学森成为汪成为的直接领导，两个人的办公室仅一门之隔。

1986 年，中国启动"863 计划"，汪成为被选为智能计算机专家组的组长。

当时，国际上正兴起人工智能研究的热潮，日本更是倾力研制"第五代计算机"，吸引了全世界的目光。

制定中国智能计算机的发展战略，是我们的当务之急。

1987年12月15日，钱学森在清华大学和专家组成员进行交流。

钱老，依您看如何研制有中国特色的智能计算机呢？

您请说。

我不是计算机专家，我是来向各位学习的。我发表一点个人意见。

结合中国国情来看，我认为我们应该从11个方面开展人工智能技术的研究。

钱学森提出的11个方面分别是：人工智能、脑科学、认知心理学、哲学、与形象思维有关的文学诗词语言、科学家关于科学方法方面的言论、社会思维学、模糊数学、并行运算、古老的数理逻辑、系统理论及系统学。

钱老敏锐准确的判断令人叹服。

钱学森指出的11个方面，和当今21世纪世界上人工智能的发展方向高度吻合。

王永志，中国工程院院士、国际宇航科学院院士，中国载人航天工程首任总设计师，国家最高科学技术奖获得者。

1961年，王永志从苏联莫斯科航空学院毕业后，进入国防部第五研究院，在钱学森的领导下，投身于东风二号导弹的设计和研制工作。

1964年6月，东风二号导弹试射前夕。

天气太热了，推进剂在高温下发生汽化和膨胀，装进去的推进剂不够数量，达不到预定射程，弹头无法飞抵预定的弹着区。

怎么办？
怎么办？

如果减少燃料……

马上把火箭的总设计师请来。

这个年轻人的意见对，就按他说的办!

1964年6月29日，中国第一枚中近程导弹东风二号发射成功，标志着中国导弹取得了关键性的突破。

太好了!

王永志善于逆向思维，敢于创新，我推荐他。

1992年，载人航天工程立项，钱学森推荐王永志担任载人航天工程总设计师。

钱老给予我的帮助，我永远不会忘记!

王永志没有辜负钱学森的期望，出色地完成了任务。王永志认为，他能走上航天之路，并取得今天的成就，与钱学森的谆谆教诲、无私培养密不可分。

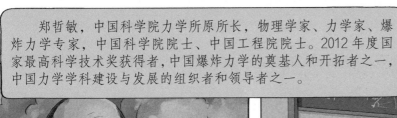

郑哲敏，中国科学院力学所原所长，物理学家、力学家、爆炸力学专家，中国科学院院士、中国工程院院士。2012年度国家最高科学技术奖获得者，中国爆炸力学的奠基人和开拓者之一，中国力学学科建设与发展的组织者和领导者之一。

郑哲敏是钱学森名副其实的学生，他在美国留学时，师从钱学森，攻读博士学位。

1954年。

老师，我即将回国。

好，回国以后，要为祖国建设做贡献，国家需要什么，我们就做什么。

请老师放心。

郑哲敏回国后，先到中国科学院数学研究所任副研究员，加入了钱伟长在该所创立的力学研究室。

1955年钱学森返回中国,他随即参加钱学森创建中国科学院力学研究所的工作。

1960年秋天的一个下午,力学所的操场上正在进行一次特殊的实验——一套爆炸装置引爆后,一块钢板瞬间被炸成了小碗的形状。

可不要小看这个碗,将来一定能起到大作用。

随着这次"小碗成形"实验的成功,力学所一个新兴的专业诞生了,钱学森将其命名为"爆炸力学"。

郑哲敏,你来做这个学科的带头人。

在钱学森的指导下,郑哲敏带领团队开始了"控制爆炸"的研究。

拉瓦尔喷管是火箭发动机的重要组成部分，形状复杂、体积巨大，管壁又很薄，用一般的机床难以加工。

经过三年努力，郑哲敏终于成功总结出爆炸成形的主要规律，运用爆炸成形的方法，成功加工出形状复杂、精度极高的拉瓦尔喷管。

试验终于成功了！

多年后，郑哲敏在爆炸力学等应用力学领域，取得了许多开创性的成果，于1980年当选中国科学院学部委员（院士），1994年当选中国工程院院士，获2012年度国家最高科学技术奖。

钱爷爷带出来的学生都这么厉害啊！

是呀，钱爷爷为国家培养了一批顶天立地的大师级领军人才。

所以，钱爷爷是当之无愧的大师之师！

请看下一册

《 我们必须征服宇宙
第9册 琴瑟和鸣 》

图书在版编目（CIP）数据

我们必须征服宇宙. 第8册 / 钱永刚主编；顾吉环，邢海鹰编著；上尚印象绘. -- 北京：电子工业出版社，2023.9

ISBN 978-7-121-45988-7

Ⅰ.①我… Ⅱ.①钱… ②顾… ③邢… ④上… Ⅲ.①航天 – 少儿读物 Ⅳ.①V4-49

中国国家版本馆CIP数据核字（2023）第131792号

责任编辑： 季　萌
印　　刷： 当纳利（广东）印务有限公司
装　　订： 当纳利（广东）印务有限公司
出版发行： 电子工业出版社
　　　　　 北京市海淀区万寿路173信箱　邮编：100036
开　　本： 889×1194　1/16　印张：36　字数：223.2千字
版　　次： 2023年9月第1版
印　　次： 2023年9月第1次印刷
定　　价： 248.00元（全12册）